LO QUE

OLVIDAMOS LOS

ENFERMEROS II

LO QUE

OLVIDAMOS LOS

ENFERMEROS II

Félix Arnaldo Rodríguez

Díaz

Prologo

El propósito del presente libro es expresar desde la experiencia como

trabajador de salud en el área clínica de pacientes en estado crítico y

como profesor de profesionales de enfermería en etapa de formación y

la relación teórico – práctica de la profesión de enfermería. Se puede

decir que la caracterización de la enfermería como una profesión de

servicio a las personas en su 100% a pesar de los niveles de estudios

alcanzados, donde el profesional debe desarrollar competencias en el

ser, el hacer y el saber, y se mencionan algunos factores que han

influido en el comportamiento actual de las enfermeros que le han

alejado del cuidado vital de las personas que acuden a nuestros

hospitales sin querer estar hay por lo tanto como lo escribí en el libro

anterior **LO QUE OLVIDAMOS LOS ENFERMEROS** hay una frase que

hace mucha relación con lo anunciado anteriormente:

EL MEJOR SITIO

DONDE UN ENFERMERO

PUEDE LLEVAR A UN

PACIENTE

ES INTEGRARLO A SU

ENTORNO SOCIAL.

Esa integración a la sociedad debe ir acompañada de una participación

protagónica por parte del enfermero donde la persona debe renovarse

y así prevenir recaídas de su enfermedad así como emprender esa

lucha de inserción al lado de las posibles causas que le ocasiono su

enfermedad y aprendiendo a convivir con ellas sin que le afecte su

salud.

Capítulo I
El Enfermero y su pasado.

Desde los inicios del mundo las personas como ser social fuimos creadas con una intuición innata de cuidar a otras personas el ejemplo más común es como la madre cuida de su bebe o lo que nuestros ojos ven en la naturaleza silvestre como los animales cuidan de su misma especie y los protege de todo lo que ellos creen que pueda causarle daño, pues así mismo nosotros como humanos cuidamos de los seres humanos podemos decir que desde allí nace una especie de enfermería empírica. Pasando por diferente épocas, etapas y evoluciones del mundo.

Actualmente la enfermería a nivel mundial es una profesión como cualquier otra, es mas se estudia en universidades prestigiosas, así como ya en algunas a nivel mundial cuentan con facultad de enfermería, y va desde el primer nivel de estudios de pregrado como lo son los técnicos superiores universitarios hasta doctorados y postdoctorados en ciencias de la enfermería.

Ahora bien vemos que la enfermería viene desde la forma de cuidador de una persona desde su intuición innata a estudios universitarios como profesión pero será que esto en vez de mejorar la atención o la calidad de cuidados que se deben prestar a una persona enferma lo ha venido desmejorando solo por la razón de tener un rango de estudios más alto que otro y hemos perdido la esencia de ser enfermeros.

Debemos recordar y siempre mantener en nuestras mentes que enfermería es sinónimo de cuidar y que ningún nivel de estudio universitario nos debe alejar y separar de ser un prestador de cuidados eficientes a una persona enferma.

Si Cuidar es un gesto de amor,

Entonces Enfermería es amor

Por lo tanto prestemos cuidados de

Calidad con amor.

Sin olvidar que somos enfermeros.

CAPITULO II

Enfermero y Sociedad

Los Enfermeros, como prestadores de atención de enfermería desde el punto de vista holístico deben tener en cuenta los índices de necesidad objetiva de la demanda y del suministro de enfermaría en la comunidad donde presta servicios.

La relación de enfermería en la sociedad debe basarse en un equilibrio entre las capacidades de los enfermeros para la aplicación del plan de cuidados y mantener sistemas de autocuidado terapéutico a individuos o sus familias. Así mismo podemos decir que puede emplearse un desequilibrio cuando las capacidades de los enfermeros sobrepasan las de otros, y cuando las capacidades de las personas sobrepasan la de los enfermeros.

Enfermería

Base importante

Para que una sociedad

Sea más saludable.

Por lo tanto la práctica de enfermería emplea aspectos clínicos, técnicos, sociales, sentimentales y morales, porque las decisiones de enfermería afectan a la vida, la salud y bienestar del ser humano.

La Enfermería tiene como preocupación especial la necesidad del individuo para la acción de autocuidado y su provisión y administración de modo continuo para sostener la vida y la salud, recuperarse de la enfermedad o daño y adaptarse a sus efectos para integrarse socialmente. Por lo que se ha indicado que el papel del Enfermero en la sociedad tiene el enfoque de:

1.-Fomento de la vida y la salud.

2.-Hacer frente a la enfermedad.

3.-Identificar capacidades de autocuidado del individuo y sociedad.

4.-La educación y promoción de la salud.

5.-Ser modelo ante la sociedad y así como al estudiante de Enfermería en aspectos vitales de nuestra profesión: el uso correcto del uniforme, calzado, léxico así como nuestro comportamiento en la vida social ya que al ser enfermeros pasamos a ser figuras públicas. Tal como se ofrece la enfermería al público, en forma de ayuda o servicio, los enfermeros deben alcanzar y mantener un alto nivel de conocimiento y práctica de enfermería; pero para ser eficaces, los enfermeros han de obtener los conocimientos antes de practicarlos, ya que la enfermería no es sólo un campo de práctica, sino también un

campo de conocimientos

6.-Ser investigador por excelencia.

El Que Solo

Enfermería Sabe

Ni Siquiera

Enfermería Sabe

Es importante mantener la idea

central en que se forman sistemas

de enfermería cuando los

enfermeros utilizamos las

capacidades para, identificar,

diagnosticar   programar,

suministrar y evaluar acciones de

enfermería   a   pacientes   que

realmente   lo   requieran.   Estas

acciones o sistemas regulan el valor,

o el ejercicio, de las capacidades del

individuo   para   participar   en   su

autocuidado   y   satisfacer   los

requisitos de autocuidado de manera

terapéutica así como lo manifiesta la

teoría de los sistemas.

Ante la magnitud de lo que demanda

la sociedad de un enfermero algunas

veces la comunidad así como nosotros como enfermeros podemos preguntar: LO QUE OLVIDAMOS LOS ENFERMEROS para el logro de una sociedad más saludable sin la participación de enfermería en la educación, promoción, fomento de la salud y la preparación de un plan de alta óptimo en la inserción del individuo a la sociedad sin recaídas en su estado de salud entre ellas podemos describir:

```
        Enfermería                    Historia de
        profesional                   enfermería


Ciencias de la          Enfermería            Enfermería
 enfermería               social                humana


               Enfermería
                 ética
```

Capítulo III

Enfermería y la extensión universitaria

Los antecedentes de la extensión universitaria se remontan a principios de siglo XX, época caracterizada por profundas reformas universitarias en Latinoamérica y el surgimiento de las organizaciones estudiantiles universitarias, bajo el influjo de renovadoras ideas que pretendían modificar radicalmente los modelos universitarios imperantes.

En este sentido, la Unión de Universidades de América Latina (UDUAL), convocó, en 1957, a la Primera Conferencia Latinoamericana de Extensión Universitaria y Difusión Cultural, que se realizó en Santiago de Chile, y emitió un conjunto de planteamientos y recomendaciones que trataron de puntualizar la teoría latinoamericana en el campo. En el mismo crearon el concepto de extensión universitaria el cual se postuló en aquella reunión donde señala: que La extensión universitaria debe ser conceptuada por su naturaleza, contenido, procedimientos y finalidades, de la siguiente manera.

Por su naturaleza, la extensión universitaria es misión y función orientadora de la universidad contemporánea, entendida como ejercicio de la vocación universitaria. Por su contenido y procedimiento, la extensión universitaria se funda en el conjunto de estudios y actividades filosóficas, científicas, artísticas y técnicas, mediante el cual se auscultan, exploran y recogen del medio social, nacional y universal, los problemas, datos y valores culturales que existen en todos los grupos sociales a raíz de esta la enfermería debe emplear un rol principal en el acompañamiento de esta para la solución de los problemas y así convertir las comunidades y sociedades más saludables aplicando asimismo el primer nivel de atención primaria en salud.

En la actualidad Mundial, Latinoamericana así como la venezolana son más grandes y más complejos los retos que se le presentan a la universidad, por los cambios que se deben fomentar en cuanto a la formación integral del ser humano que permita el aprovechamiento colectivo de las ciencias y los saberes en función de las necesidades humanas fundamentales encontradas en la sociedad donde la profesión de enfermería representa humanidad y colectividad.

Enfermería es parte

De la solución a la

Salubridad social.

Desarrollando procesos educativos adquiriendo trascendencia y fuertes implicaciones hacia el futuro, y en particular la educación universitaria constituye un espacio que concentra y a la vez refleja las múltiples facetas del desarrollo social. Tal situación se convierte en imperativo para que la educación universitaria priorice el perfeccionamiento constante de sus procesos sustantivos: docencia, investigación y extensión. (Capó, 2006).

En Venezuela, la Extensión junto con la Investigación y la Docencia son las tres funciones principales de las Universidades, tal como se contempla en la Ley de

Universidades (1970) y en los Reglamentos Universitarios. Sin embargo, mientras la Docencia y la Investigación caminan de la mano, la Extensión ha sido la cenicienta. Poco se le considera a la hora de la distribución del presupuesto universitario y menos aún al diseñar el currículo.

Afortunadamente, en los últimos años, este problema viene siendo tratado en la comunidad universitaria en distintos tipos de reuniones y eventos, entre los cuales destacan las reuniones de los

Núcleos de Directores de Cultura y Extensión de las universidades venezolanas; los Congresos Nacionales, Latinoamericanos y los Iberoamericanos de Extensión Universitaria, a fin de encontrar soluciones para subsanarlo.

Durante estos eventos se ha tratado el papel de la Extensión Universitaria no sólo en la formación de los estudiantes sino también en el papel que desempeña para el cumplimiento de la función social de las instituciones de Educación Superior. Asimismo, se ha debatido sobre su inserción en el currículo, su acreditación, su pertinencia y sobre las medidas a tomar para destacar su importancia entre las funciones universitarias.

La Extensión Universitaria es una realidad práctica que surge de las respuestas del colectivo universitario a las necesidades sociales del entorno y no necesariamente responde a un proyecto institucional ni a políticas universitarias definidas. Las actividades de extensión contribuyen a la formación integral de los educandos cuando éstos participan en ellas; asimismo se presentan como alternativas educacionales y como mecanismos de actualización o perfeccionamiento de conocimientos técnicos y profesionales.

El ser enfermero es sentir en el alma

La necesidad de mejorar la sociedad.

A lo anteriormente descrito es importante hacernos la siguiente pregunta:

Es razonable el presupuesto

Que recibe la extensión

Universitaria para las

Exigencias de las universidades

En el siglo actual?

CAPITULO IV

ENFERMERIA Y EL USO DEL

CELULAR.

Los enfermeros no escapamos de los avances tecnológicos que han entrado en nuestra sociedad y que cada día se hacen más viables para todos así como necesarios en el mundo actual, el uso del teléfono móvil se ha hecho muy necesario para los humanos ya que nos acerca con nuestros seres queridos y personas sin importar la distancia a través de llamadas, mensajes de texto así como por las diferentes redes sociales que tan ventajoso ha sido esta tecnología pero como no todo es perfecto en este mundo ha conllevado a una gran desventaja que a su vez se ha convertido en un gran problema para las empresas es que los trabajadores por estar pendiente de su teléfono móvil descuidamos nuestro trabajo que en algunos momentos podemos ocasionar daños irreversibles o lesiones a nuestros pacientes:

El Enfermero y teléfono

Móvil durante un

Procedimiento de enfermería

Son los más grandes enemigos

De lograr el bien para

Nuestros pacientes.

Pero el uso del teléfono móvil de
manera razonable durante la
jornada laboral y entendiendo que
somos una profesión humanista
también es beneficiosa ya que en
oportunidades este tipo de

tecnología nos permite en determinado momento buscar por la web:

1. La Necesidad de una adecuada práctica en la documentación en enfermería, como apoyo a la toma de decisiones clínicas, continuidad del cuidado y monitoreo de la calidad del cuidado.

2. Necesidad de medir, comparar y sintetizar los datos con los cuales se estiman las necesidades para la gestión y

administración del cuidado de enfermería.

3. Necesidad de describir el cuidado, la creación de bases de datos internacionales para poder comparar diferentes contextos y medir la efectividad de la provisión y asignación del cuidado, como un tópico de vital importancia en la investigación en enfermería.

4. Necesidad de contar con información acerca del cuidado para la planificación de los diseños curriculares, mejorar la

relación entre teoría, práctica e investigación.

5. Necesidad de comparar datos para los estudios epidemiológicos y de costo beneficio, la determinación de un status de salud universal y el esclarecimiento del rol del enfermero dentro del equipo multidisciplinario en la toma de decisiones.

En la actualidad, en la mayoría de los países de Latinoamérica, los datos e información de enfermería se limitan a un registro en papel y se utilizan sólo para el cuidado de cada paciente. No se incluyen datos de enfermería que sean presentados por los organismos de atención de la salud a los gobiernos y otras entidades de regulación para el uso en la planificación del cuidado de la salud. Esto crea una situación en la que se contribuye a la invisibilidad de la enfermería en la atención de la salud. Si los datos de enfermería se van a incluir en los datos del nivel gerencial, es imperativo que sean informatizados.

CAPITILO V

EL ENFERMERO Y EL

UNIFORME

La Enfermería, desde sus inicios ha venido empleando una vestimenta que la identifica y a la vez ha sido acompañada por una simbología que la caracteriza y que encierra un significado relevante en su desarrollo como profesión la cual es el uniforme de enfermería.

La blancura del

Uniforme del enfermero

Es como la cristalina

Agua de manantial

Pura y necesaria

Para la humanidad

En la actualidad muchos de nosotros LO QUE OLVIDAMOS LOS ENFERMEROS a pesar de la existencia de normas y del esfuerzo que se viene realizando, se observan con frecuencia modificaciones y uso incorrecto del uniforme.

Una de las fallas más graves que los enfermeros olvidamos es el uso del uniforme en espacios públicos después de haber trabajado en aéreas clínicas donde existe cierta flora bacteriana intrahospitalaria y nosotros los enfermeros nos convertimos en transportadores de microorganismos que son intrahospitalarios al medio extrahospitalario donde podemos propagar e infectar a la comunidad o nuestra propia familia.

Debemos tener presente los profesionales de enfermería la

responsabilidad de mejorar y proceder como agentes de cambio Una enfermera u enfermero vestido correctamente inspira confianza y es socialmente respetado.

El color blanco del uniforme siempre ha sido significado de pureza y pulcritud de nuestro servicio de cuidado a los paciente aunque es necesario recalcar que en algunas oportunidades el usar un uniforme correcto y de color blanco no te hace el mejor de los enfermeros porque existen profesionales que dependiendo el área donde labora en un hospital realizan algunos cambios en el color del uniforme para hacerlo más ameno al área (ejemplo unidades pediátricas) y son prestadores de cuidados de calidad a nuestros pacientes sin afectar la vocación de servicio que caracteriza la profesión de enfermería.

ENFERMERIA + `VOCACION =

SERVICIO CON AMOR

EL QUE NO CONOZCA EL AMOR NO

PODRA SER ENFERMERO Y EL

ENFERMERO QUE ESTUDIO Y NO

LOGRO ENAMORARSE DE SU

PROFESION SIEMPRE LE SUCEDERAN

COSAS DONDE LOS PACIENTES Y

NOSOTROS NOS PREGUNTAREMOS:

LO QUE OLVIDAMOS LOS

ENFERMEROS...

www.ingramcontent.com/pod-product-compliance
Lightning Source LLC
Chambersburg PA
CBHW021938170526
45157CB00005B/2342